# ¿LO SABÍAS?

## El Poder del CUERPO

**Textos de Jenny Vaughan**
**Traducción de Delia M. G. de Acuña**
**Ilustraciones de Sallie Reason**

???????????????????

Colección ¿LO SABÍAS?
**EDITORIAL SIGMAR**

# CONTENIDO

## 1. ¿La sangre contiene hierro?

Nuestros glóbulos rojos contienen una sustancia llamada **hemoglobina,** que posee hierro y lleva el oxígeno desde los pulmones a todo el resto del cuerpo.
Tanto el oxígeno como el hierro dan a la sangre el característico color rojo brillante.
Una vez que el cuerpo ha consumido el oxígeno, la sangre se oscurece.

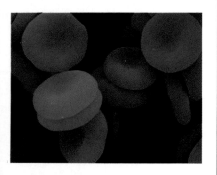

Glóbulos rojos aumentados casi 2000 veces con el microscopio electrónico.

## 2. ¿Si no tuviésemos oídos, nos caeríamos?

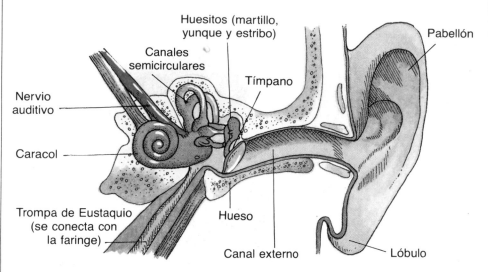

Huesitos (martillo, yunque y estribo)

Canales semicirculares

Tímpano

Pabellón

Nervio auditivo

Caracol

Trompa de Eustaquio (se conecta con la faringe)

Hueso

Canal externo

Lóbulo

Los oídos cumplen dos funciones: sirven para oír y también para mantener el equilibrio. En su parte más profunda (llamada **oído interno**) hay unos **canales** muy pequeños que contienen un líquido y además una tupida vellosidad. El líquido se mueve siempre que movemos la cabeza. Los vellos reciben el movimiento y a su vez envían mensajes al cerebro. Ante el peligro de una caída, por ejemplo, el cerebro envía mensajes a todo el cuerpo que a su vez se mueve para no caer.

## 3. ¿Qué tienen en común pelo, uñas y pezuñas?

Aunque se ven diferentes, el pelo, las uñas y las pezuñas están formados principalmente por una sustancia llamada **queratina,** que también se encuentra en la capa más externa de la piel, en los cuernos de los animales, en el pelaje y en las garras.
En realidad, nuestras uñas no son más que garras que han evolucionado volviéndose más delgadas, cortas y chatas.

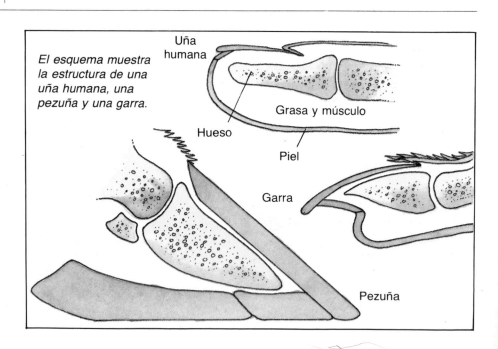

El esquema muestra la estructura de una uña humana, una pezuña y una garra.

Uña humana

Grasa y músculo

Hueso

Piel

Garra

Pezuña

# 4. ¿Podemos beber cabeza abajo?

Sí, pero no hay que intentarlo porque podría ser peligroso. Hay animales que lo hacen continuamente, por ejemplo, la jirafa. El tubo que une la boca con el estómago, llamado esófago, está recubierto de fuertes músculos lisos. Cuando tragamos, estos músculos se estiran produciendo movimientos ondulatorios que empujan la comida y los líquidos hacia el estómago. Estos movimientos son fuertes contracciones, denominadas **peristalsis,** y se producen aunque estemos cabeza abajo. Cuando los alimentos llegan al fondo del tubo digestivo, se abre una válvula que les permite entrar en el estómago.

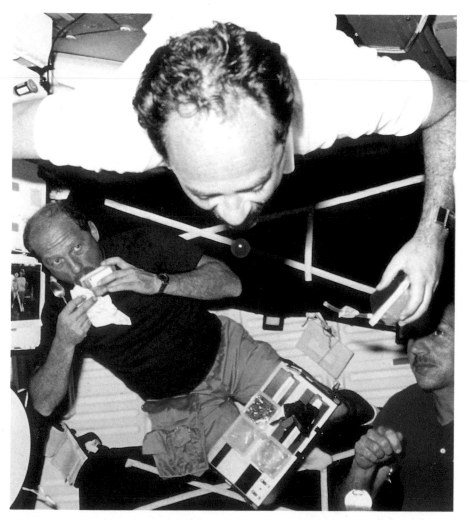

Debido a la falta de gravedad, tal vez un astronauta llegue a verse obligado a beber cabeza abajo. Aquí vemos al astronauta John Lounge tratando de alcanzar una burbuja de jugo de frutilla, durante una misión espacial, en el año 1988.

## 5. ¿Cuánto medía el hombre más alto?

El hombre más alto que ha existido hasta ahora, y del cual se tienen noticias, medía aproximadamente 2,72 m. Era un norteamericano llamado Robert Wadlow. Murió en 1940, a la edad de 22 años. Esta altura tan poco común se debe a la producción en exceso de una sustancia llamada **hormona del crecimiento.**

# 6. ¿Cuánto mide el intestino delgado?

**El intestino delgado** forma parte de nuestro **aparato digestivo.** La digestión comienza una vez que el alimento entra en la boca. Luego pasa a través del esófago, después llega al estómago y de allí sale hacia el intestino delgado. Es angosto (2,5 cm de ancho) pero muy largo. En el adulto alcanza unos 6,5 m. A medida que el alimento pasa por el intestino delgado, se absorben los nutrientes y son transportados por la sangre. Los restos pasan al intestino grueso y luego salen del cuerpo.

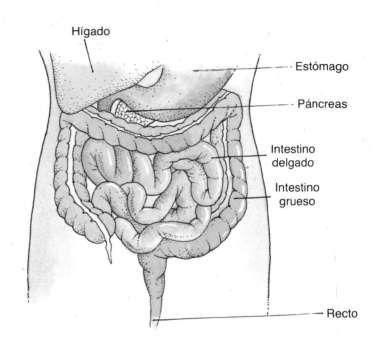

Hígado
Estómago
Páncreas
Intestino delgado
Intestino grueso
Recto

# 7. ¿Qué es lo que late 100.000 veces por día?

*¡El corazón! El corazón está compuesto por músculos y actúa como una gran bomba, impulsando la sangre a todo el cuerpo. Dentro del corazón hay cuatro cavidades. Cuando sus músculos están relajados, estas cavidades se ensanchan y entra en ellas la sangre. Cuando los músculos se contraen, la sangre es impulsada fuera del corazón, hacia los vasos sanguíneos. El corazón humano late a razón de 60 ó 70 veces por minuto. Lo que significa que late unas 100.000 veces por día. El corazón puede hacer este trabajo durante más de cien años, sin parar.*

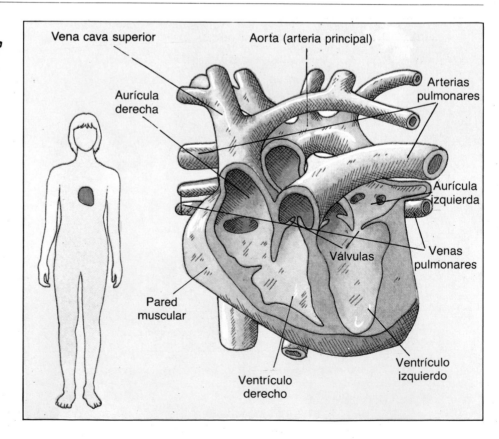

Vena cava superior
Aorta (arteria principal)
Arterias pulmonares
Aurícula derecha
Aurícula izquierda
Válvulas
Venas pulmonares
Pared muscular
Ventrículo derecho
Ventrículo izquierdo

10

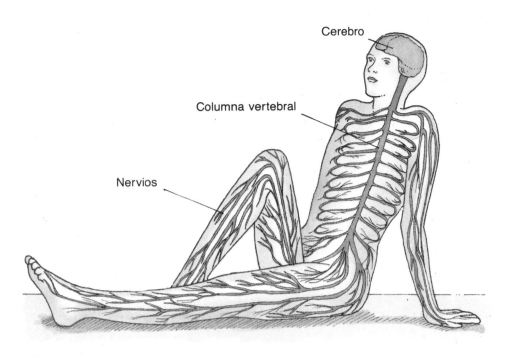

Cerebro

Columna vertebral

Nervios

## 8. ¿Cuánto miden los nervios?

*Los nervios son células largas y delgadas que recorren todo el cuerpo. Si pudiéramos extenderlos, comprobaríamos que de punta a punta pueden llegar a medir aproximadamente unos 75 km. Un conjunto de nervios lleva al cerebro una señal de lo que olemos, vemos y tocamos. Son los denominados **nervios sensoriales.***

*Otro conjunto, es el de los **nervios motores,** que llevan los mensajes del cerebro hacia los músculos ordenándoles lo que deben hacer.*

## 9. ¿Hay huesos en el oído?

*Los sonidos viajan a través del oído hasta que llegan a una delicada membrana (de piel) llamada **tímpano,** y la hacen vibrar. Las vibraciones pasan por una serie de pequeños huesitos que se encargan de aumentarlas y conducirlas al oído interno. Allí se convierten en señales eléctricas (ver pág. 28) y son enviadas al cerebro.*

## 10. ¿Tenemos tantos huesos en el cuello como las jirafas?

Sí, pero los de la jirafa son más largos. Todos los mamíferos poseen siete vértebras cervicales (huesos del cuello), aún las ardillas. Como los demás huesos de la columna, las vértebras cervicales tienen dentro la **médula.**

## 11. ¿Cuántas cosas hace el hígado?

*¡Muchísimas!*
*El hígado cumple más de 500 tareas, entre las que se incluyen almacenar vitaminas, fabricar sustancias químicas que necesita el cuerpo, mantener el nivel correcto del azúcar y disolver y almacenar las grasas digeridas. Además tiene la facultad de transformar ciertos venenos en sustancias inocuas, elimina los desechos y es una fuente de calor.*
*Todas estas tareas y muchas más son tan importantes que sin este órgano vital moriríamos en menos de 24 horas.*

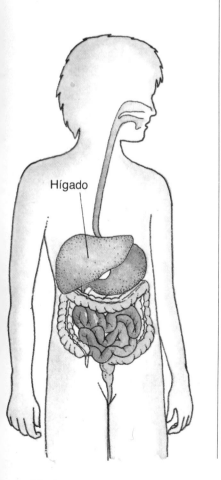

Hígado

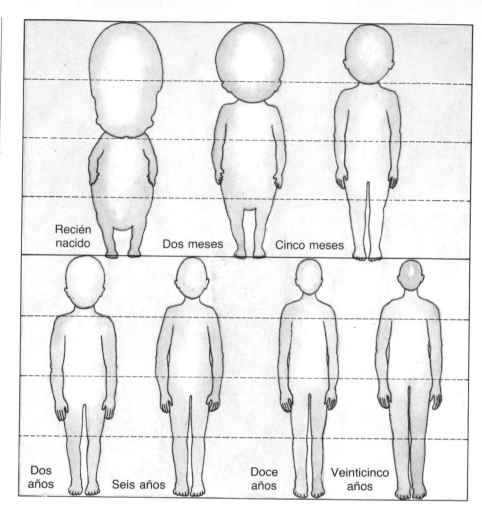

Recién nacido    Dos meses    Cinco meses

Dos años    Seis años    Doce años    Veinticinco años

*El diagrama superior muestra los cambios en el tamaño de la cabeza con respecto al cuerpo, a medida que el bebe se va transformando en adulto. Se puede observar que la cabeza del bebe crece mucho en las primeras etapas.*

# 12. ¿Por qué los niños pequeños son "cabezones"?

A medida que el bebe se forma en el vientre materno, la cabeza y el cerebro crecen mucho más rápidamente que cualquier otra parte del cuerpo. La cabeza de un recién nacido equivale a un cuarto del largo total del cuerpo, y el cerebro casi a la séptima parte del peso total.
Hasta alcanzar la edad adulta, la cabeza sigue siendo grande con relación al cuerpo. El bebe crece rápidamente mientras se encuentra en el vientre materno. Si esta tasa de crecimiento no disminuyese después del nacimiento, daría origen a un adulto de dimensiones monstruosas.

## 13. ¿Cuántas cámaras de aire tienen los pulmones?

*Los pulmones son un poco como esponjas llenas de pequeñas burbujas o cavidades de aire, llamadas **alvéolos**. En los pulmones de una persona adulta existen unos 300 millones de alvéolos. Cuando inspiramos, los pulmones toman aire y absorben el oxígeno. Sin él moriríamos. El aire se dirige hacia los alvéolos, cuyas paredes*

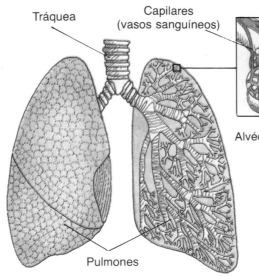
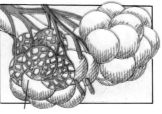

Tráquea

Capilares (vasos sanguíneos)

Alvéolos

Pulmones

*son muy delgadas y están cubiertas de células planas que toman el oxígeno, el cual pasa a unos pequeños vasos sanguíneos. De esta manera, entonces, la sangre lleva el oxígeno al corazón.*

---

## 14. ¿Es necesario dormir?

*Es imprescindible. Necesitamos el descanso que nos da el sueño. Los más pequeños necesitan dormir más que los adultos. Un recién nacido duerme aproximadamente 16 horas por día. A los 12 años, un niño necesita dormir unas 9 horas por día. Si una persona no puede dormir durante períodos prolongados, se vuelve torpe y pierde su concentración.*

---

## 15. ¿Cuánta información almacena el cerebro?

*Se dice que el cerebro es como una computadora, pero es aún mucho más poderoso. Una computadora de 64 kg almacena unos 500.000 bits de información, mientras el cerebro puede almacenar más de 100 billones de bits durante años y años. A esta memoria se la denomina "de largo plazo".*

*El cerebro de este hombre puede almacenar más información que la computadora que está usando.*

## 16. ¿Se puede ver en la oscuridad?

Los radares ayudan a los pilotos a "ver" en la oscuridad. Fueron inventados durante la Segunda Guerra Mundial pero tuvieron que ser mantenidos en secreto. Cuando les preguntaban a los pilotos cómo hacían para volar en la oscuridad, contestaban que comían muchas zanahorias porque contienen vitamina A que mejora la visión nocturna.

## 17. ¿Los ojos ven las cosas al revés?

Nuestros ojos sí, pero nosotros no. Los rayos de luz entran al ojo por el **cristalino.** Al hacerlo se cruzan, provocando que la imagen que se forma en la **retina** (en el fondo del ojo) quede al revés. Pero sucede que el cerebro se encarga de volver a invertirla.

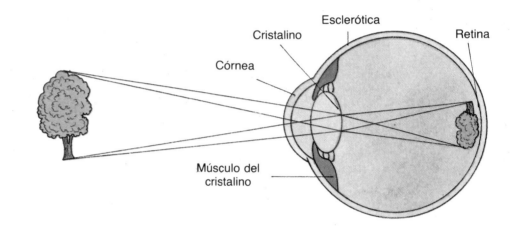

Esclerótica

Cristalino

Retina

Córnea

Músculo del cristalino

## 18. ¿Los huesos son más duros que el cemento?

Los huesos contienen calcio, que los hace duros. Pero eso no es todo. Además poseen ramificaciones de un material fibroso llamado **colágeno** que les da mayor fuerza aún.
Juntos, hacen que los huesos sean tan fuertes como el acero:
cuatro veces más fuertes que la misma cantidad de cemento armado.

Aquí se puede ver al contorsionista sudamericano Hugo Zamorote haciendo una demostración de la flexibilidad de sus músculos y articulaciones. Estos espectáculos son típicos de los circos, ya que atraen la atención del público por su originalidad y por la habilidad que ponen de manifiesto sus cultores.

# 19. ¿Qué es un contorsionista?

Esto se dice de alguien que tiene la capacidad de doblar sus miembros más que el común de la gente y en más de una dirección. Tal destreza es posible cuando los **ligamentos,** que son las fibras que mantienen las **articulaciones** en su lugar, son muy flojos. En realidad, un ligamento es una tira de tejido conjuntivo fibroso que liga unos huesos con otros. Esta unión de dos huesos se conoce como articulación, por ejemplo, el hombro, que es la unión del húmero (brazo) con el omóplato (espalda).

## 20. ¿Cuánto aire respiramos durante toda la vida?

Se ha calculado que respiramos suficiente aire durante la vida como para llenar dos globos aerostáticos y medio. Respiramos aproximadamente entre 10 y 14 veces por minuto (de manera más rápida después de hacer ejercicio y más lentamente cuando estamos descansando), inhalando cerca de medio litro de aire por vez. Esto suma unos 15 metros cúbicos por día y hace un total de 400.000 metros cúbicos, en algo más de 70 años que es el promedio de vida.

15

# 21. ¿Cómo sube la sangre una vez que llega a los pies?

La sangre es bombeada por el corazón y circula a través del cuerpo (ver página 10). La sangre que se llena con el oxígeno de los pulmones circula desde el corazón por tubos o vasos sanguíneos, llamados **arterias.** Esta sangre es bombeada con mucha fuerza y transporta el oxígeno a todo el cuerpo. Al regresar al corazón y los pulmones, la sangre fluye a través de las **venas.** Allí se mueve con menor fuerza. Las venas poseen válvulas que le impiden volver hacia atrás.

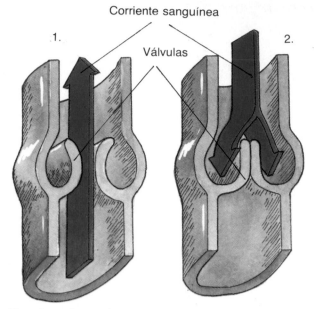

*Para impedir que la sangre vuelva hacia atrás, las venas poseen válvulas en forma de copa. Estas válvulas se cierran si la sangre cambia de dirección, como lo muestra el diagrama 2.*

---

## 22. ¿Qué ocurre con el cuerpo cuando uno tiene miedo?

*Cuando uno tiene miedo, está nervioso o enojado, el cerebro envía mensajes a unas glándulas que se encuentran cerca de los riñones, son las **glándulas suprarrenales.** Las mismas preparan el cuerpo para que reaccione segregando **adrenalina** en el torrente sanguíneo. La adrenalina hace que el corazón lata más rápido y más fuerte, que aumente el flujo de sangre a los músculos y disminuya en la superficie de la piel. Además, el hígado segrega azúcar dentro del torrente sanguíneo para que pueda ser usada por los músculos en el caso de tener que luchar o salir corriendo.*

## 23. ¿La piel es impermeable?

Sí, es impermeable. Nuestra piel produce una sustancia aceitosa llamada **sebo.** Esto la hace impermeable, manteniendo el agua fuera del cuerpo cuando nos lavamos, nadamos o nos sorprende la lluvia. Pero hay algo que es importantísimo: impide que se escapen los líquidos del cuerpo.

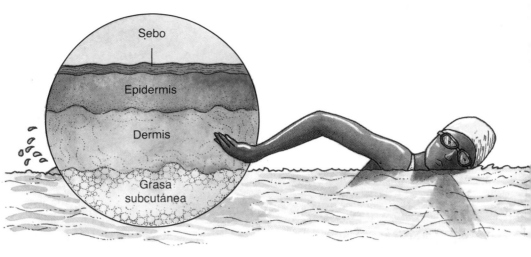

## 25. ¿Se para el pelo?

El cuerpo está cubierto de pelos muy pequeños llamados vellos. Hay un músculo en la raíz de cada pelo, que puede hacer que se pare o se quede chato. Cuando tenemos frío, los músculos llevan el vello hacia arriba. Esto atrapa una capa de aire en los espacios que hay entre los pelos. El aire es entibiado por el cuerpo y nos aisla del frío externo.

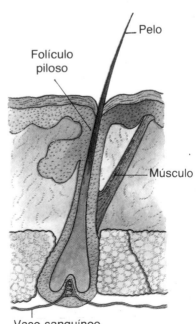

## 24. ¿Si no nos cortásemos las uñas, seguirían creciendo?

Sí. Las uñas más largas del mundo pertenecen a Shridhar Chillal, de Pune, la India. La longitud total de las uñas de su mano izquierda era de más de 4 m, en marzo de 1989. La foto muestra a Murari Aditya, quien en septiembre de 1986 se cortó las uñas que luce en la foto. Los seres humanos no usan las uñas para cortar o arrancar, por lo tanto largas no son de mucha utilidad.

## 26. ¿Tenemos una cola?

*Sí. Tenemos los restos de una cola. En la parte inferior de la columna vertebral hay cinco huesos unidos que forman parte de la **pelvis** (huesos de la cadera). Luego, por debajo de ellos hay cuatro pequeñísimos huesos que constituyen el **coxis.** Esto es todo lo que queda de la cola de nuestros antepasados.*

Columna vertebral

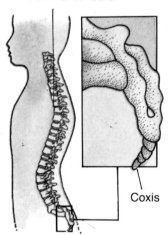

Coxis

## 27. ¿Hay que ver para creer?

Casi siempre, cuando miramos un objeto sabemos qué es porque hemos aprendido a reconocerlo. Todos sabemos cómo es un gato sin importar el tamaño o la raza. A menudo podemos identificar objetos simplemente con tocarlos. A veces, sin embargo, la imagen que reciben nuestros ojos confunde y para el cerebro es difícil reconocer e interpretar la figura. A estas imágenes se las denomina **ilusiones ópticas.** Observa las siguientes figuras. ¿Qué ves? Verifica con otras personas si ven lo mismo.

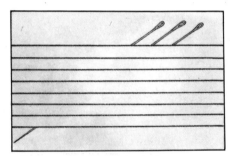

*¿Qué ves en el dibujo de la izquierda, un florero o dos caras? Mira cuidadosamente la figura de arriba. ¿A qué aguja pertenece la punta de abajo?*

## 28. ¿Los ruidos producen sordera?

*Sí. El sonido se mide en **decibeles.** Cualquier sonido por encima de 90 decibeles puede dañar el **caracol** del oído interno, causando sordera. Los recitales de música moderna a menudo superan este límite, al igual que algunas máquinas. Quienes trabajan en lugares ruidosos, deben usar protectores en los oídos. Los sonidos por encima de 175 decibeles pueden matarnos.*

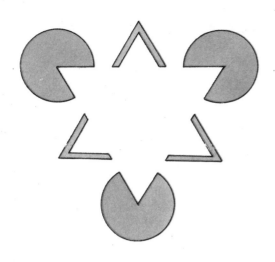

En la figura de arriba aparentemente hay un triángulo blanco cubriendo parte de tres círculos y el contorno de otro triángulo, pero es una ilusión.

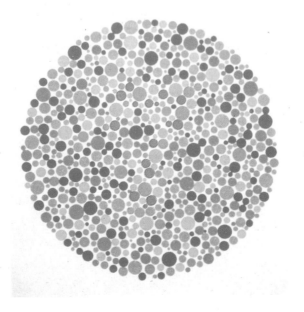

Aquí hay dos figuras en una. ¿Qué ves? ¿Una anciana o una mujer joven?

### 30. ¿Estamos hechos de agua?

El cuerpo de un adulto se compone de un 60 por ciento de agua. Cada parte del cuerpo posee distintas proporciones de agua. Los líquidos, por ejemplo la sangre, están formados principalmente por agua, incluso el cerebro tiene un 80 por ciento de agua. Los huesos, lógicamente, tienen mucho menos. Cada día perdemos unos dos litros de agua a través de la transpiración y la orina.

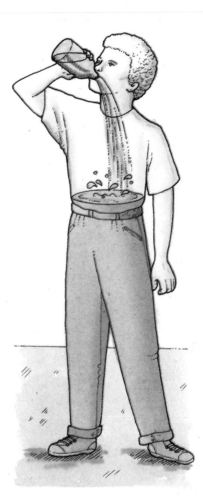

### 29. ¿Hay quienes no distinguen bien el verde del rojo?

En el fondo del ojo existe una capa de células conocida con el nombre de **retina,** que está formada por **conos** y **bastones.** Los conos son sensibles a los colores. Si funcionan mal, es posible que la persona no pueda distinguir la diferencia entre el rojo y el verde. Esto se denomina **daltonismo.**

19

### 31. ¿Cuántas células tenemos?

*Los seres humanos, como todas las criaturas vivientes, estamos formados por diminutas unidades, llamadas* **células.** *Son muy pequeñas como para verlas sin un microscopio. ¡Tenemos más de 50 billones de células! En el cuerpo humano hay diferentes tipos de células. Cada uno de esos tipos está muy especializado para la tarea que debe desarrollar. Por ejemplo, existen células que forman la sangre, el cerebro, la piel, el hígado, el corazón y otras partes del cuerpo. Las células mueren continuamente. La mayoría de ellas son inmediatamente reemplazadas por otras.*

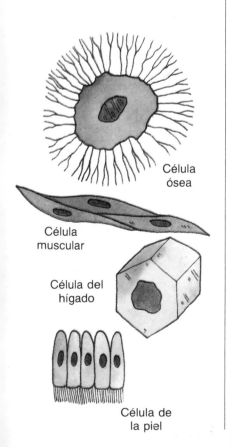

Célula ósea

Célula muscular

Célula del hígado

Célula de la piel

# 32. ¿No hay dos personas con iguales huellas digitales?

Las yemas de los dedos están cubiertas por unas líneas muy finitas. Cada ser humano posee un modelo único. Si una persona es arrestada, la policía a menudo toma sus huellas digitales. Cuando se comete un crimen, se buscan las huellas digitales que puedan haber quedado sobre superficies duras y brillantes. Luego se las compara con las de los archivos, para ver si se puede identificar al criminal.

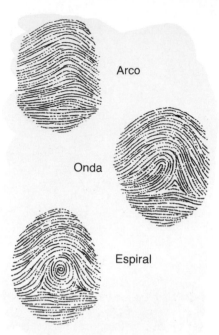

Arco

Onda

Espiral

*Las huellas digitales fueron utilizadas por primera vez para resolver crímenes, hace 100 años. Aunque cada huella digital es distinta, existen tres modelos principales: arqueada, ondulada y en forma de espiral.*

### 33. ¿Cuántos pelos hay en la cabeza?

Es muy difícil saberlo con exactitud.
Pero podemos decir que hay por lo menos 100.000 pelos. Y cada uno crece en la base de una célula llamada **folículo piloso.**
Existen sólo unas pocas células vivas en la raíz de cada pelo.
El resto del pelo está formado por células muertas escamadas (ver pág. 8). Hay más o menos unos 5 millones de pelos en el cuerpo. Las únicas partes donde no hay pelos son la palma de las manos y la planta de los pies.

# 34. ¿Es verdad que el cerebro parece una coliflor?

Debajo del cráneo se encuentra el cerebro, dividido en dos partes llamadas **hemisferios cerebrales.** Por su forma se lo puede comparar, efectivamente, a una coliflor. Estos hemisferios son los que controlan el pensamiento y la inteligencia. El cerebro humano es de mayor tamaño que el de los demás animales. También somos más inteligentes.

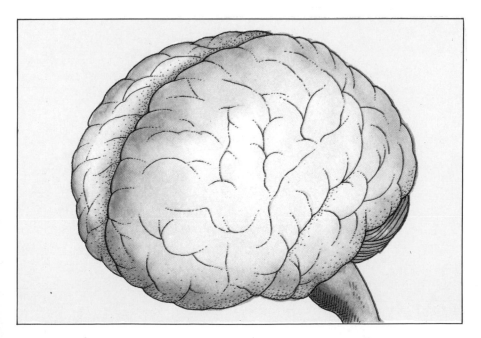

### 35. ¿El cerebro se encoge?

En la niñez el cerebro crece continuamente y logra su peso total alrededor de los 20 años. Sus células son nerviosas. A diferencia de otras, (ver página 20), no se reemplazan cuando mueren. Por lo tanto a partir de los 20 años aproximadamente, el cerebro pierde células y se encoge.
Afortunadamente poseemos cantidad suficiente de células para toda la vida.

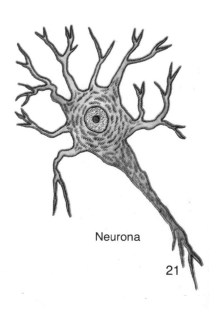

Neurona

### 36. ¿Los bebes oyen antes de nacer?

*Los oídos del bebe están parcialmente formados despés de 12 semanas de gestación en el vientre materno. A partir de los seis meses puede oír ruidos tanto del interior como del exterior del cuerpo de la madre. Aunque resulte sorprendente, el bebe de esta mamá del dibujo puede oír la música de su violín.*

### 37. ¿Tenemos tres millones de glándulas sudoríparas?

*Los adultos, sí. Si pusiésemos nuestras glándulas sudoríparas una al lado de la otra, medirían unos 50 kilómetros, ya que se extienden por toda la piel. Cuando hace calor, producen un líquido salado llamado sudor, que al secarse enfría la piel. Transpiramos aproximadamente un tercio de litro por día.*

# 38. ¿Hay animales en las pestañas?

Sí. Hay **bacterias** que viven en las glándulas sebáceas y folículos capilares de la piel del hombre. Se alimentan de piel muerta. Son tan pequeñas que sólo pueden observarse con un microscopio. Mientras estás sentado leyendo este libro, las bacterias caminan por todo tu cabello, cejas y pestañas. Pero no te preocupes, no te hacen nada.

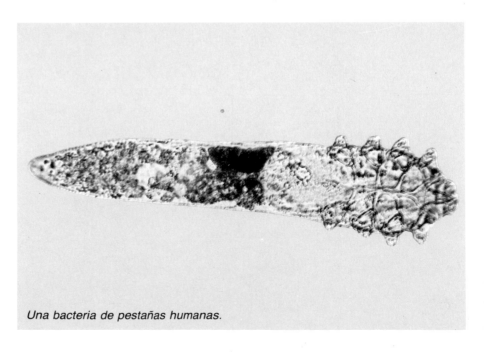

*Una bacteria de pestañas humanas.*

*Todas las personas, cualquiera sea su actividad, usan ambas partes del cerebro. En algunas actividades, sin embargo, puede ocurrir que un lado domine al otro. La percepción activa ambos lados. Las investigaciones han demostrado que el cuerpo funciona mejor si ambos hemisferios cerebrales trabajan en armonía.*

# 39. ¿Es verdad que los hemisferios cerebrales hacen distintas cosas?

Sí. Los científicos piensan que es así. Parece ser que la mitad izquierda controla el lenguaje y el pensamiento lógico; esto es lo que se relaciona con las ciencias y la matemática. La mitad derecha controla el pensamiento artístico y creativo. Ambas partes funcionan juntas, pero para la mayoría de nosotros, una mitad del cerebro tiene mayor influencia que la otra. Por eso podemos destacarnos en el arte, o bien en la ciencia y la matemática.

## 40. ¿Cuánto llegó a medir la cabellera más larga?

*Se tienen noticias de una cabellera que llegó a medir aproximadamente 8 metros. Pertenecía a Swami Pandarasannadhi, un monje hindú. Muy pocas personas podrían tener el cabello tan largo, ya que generalmente crece durante unos pocos años y luego se cae.*

### 41. ¿Qué velocidad alcanza un estornudo?

*Cuando estornudamos, el aire sale de la nariz a 160 km por hora (km.p.h.), a veces aún más rápido. El estornudo sirve para que la nariz se libere de sustancias irritantes, como por ejemplo polvo y polen, y así evitar que lleguen a los pulmones.*

### 42. ¿Se puede ver en blanco y negro?

*Cuando está oscuro los colores no se ven muy bien. Esto se debe a que las células que detectan los colores, los **conos,** solamente funcionan cuando hay luz brillante (ver página 19). Otro conjunto de células, llamadas **bastones,** nos permiten ver con poca luz, pero no pueden detectar los colores.*

# 43. ¿La lengua sólo distingue cuatro tipos de sabores?

Aunque parezca increíble, es verdad. En la lengua hay grupos de células, llamadas **papilas gustativas,** que pueden captar cuatro tipos de sabores: amargo, dulce, ácido y salado. A través del sistema nervioso, las papilas gustativas envían señales al cerebro, que es el encargado de interpretar los sabores. Creemos que podemos paladear más de cuatro sabores porque junto con las papilas gustativas usamos también el olfato. Por eso, si nos tapamos la nariz parece que no sentimos los gustos.

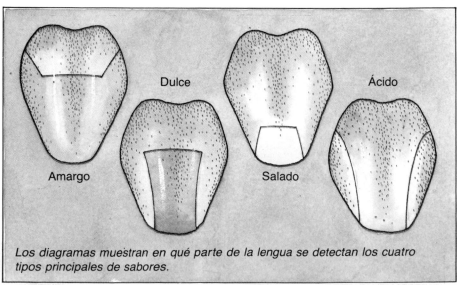

*Los diagramas muestran en qué parte de la lengua se detectan los cuatro tipos principales de sabores.*

# 45. ¿Cuánto comemos durante toda la vida?

Como promedio, una persona que vive en el mundo occidental come aproximadamente 30.000 kg de comida durante toda la vida. Para mantenerse sano, es importante comer una variedad de alimentos que nos proporcionen todas las vitaminas, minerales y nutrientes que necesitamos. Los **hidratos de carbono,** como el pan y las pastas, y las **grasas** nos dan energía. Necesitamos además **proteínas** que están formadas por **aminoácidos,** para la renovación de las células.

## 44. ¿Todas las partes del cuerpo tienen la misma temperatura?

*Nuestro cuerpo está ocupado las 24 horas. Algunos órganos tienen mayor actividad que otros y por lo tanto producen más calor. El dibujo muestra cómo se ve una termo-fotografía del cuerpo. Las partes más activas son blancas y las menos activas, violáceas.*

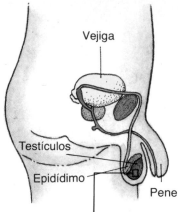

Vejiga

Testículos

Epidídimo

Pene

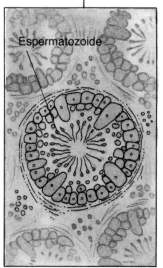

Espermatozoide

# 47. ¿Dónde están los islotes de Langerhans?

No se encuentran en un océano sino en el **páncreas.** El páncreas produce enzimas que nos ayudan a digerir los alimentos. Los islotes de Langerhans son sólo un pequeño grupo de células, pero cumplen una tarea muy específica. Producen la **insulina,** que es la hormona que controla la cantidad de azúcar de la sangre. La insulina fue descubierta en el año 1922 por un grupo de biólogos y químicos de la Universidad de Ontario, Canadá. Si el cuerpo no produce insulina, se sufre de una enfermedad llamada diabetes: se acumula demasiada azúcar en la sangre y causa muchos problemas. Afortunadamente, la diabetes puede tratarse con insulina sintética.

## 46. ¿Cuántos espermatozoides produce el hombre por día?

*Los espermatozoides se forman en los **testículos,** ubicados en una bolsa detrás del pene, llamada **escroto.** Se encuentran depositados en un tubo largo enrollado llamado **epidídimo.***
*Los testículos producen 500 millones de nuevos espermatozoides por día, que si no se usan, mueren y son absorbidos por el cuerpo. Siempre se producen más para reemplazarlos.*

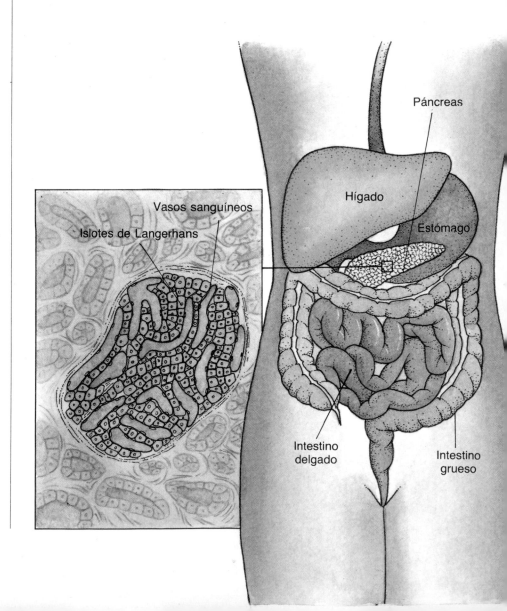

Vasos sanguíneos

Islotes de Langerhans

Páncreas

Hígado

Estómago

Intestino delgado

Intestino grueso

# 48. ¿Cuánta piel tenemos?

Si un niño de aproximadamente 8 años pudiese sacarse la piel y estirarla, cubriría una superficie de 1,5 metros cuadrados. Un adulto de talla mediana, posee unos 2 metros cuadrados de piel que pesan cerca de 4 kg.

# 49. ¿Cuánta sangre filtran nuestros riñones por día?

Los riñones humanos tienen forma de poroto, miden unos 12 cm de largo y pesan 150 g. Su función es limpiar la sangre. Poseen infinidad de pequeños tubitos que filtran el agua y los desechos de la sangre. Casi toda el agua y algunas sustancias químicas vuelven a la sangre. El líquido restante con los productos de desecho sale en forma de **orina.** En 24 horas los riñones filtran 1800 litros de sangre.

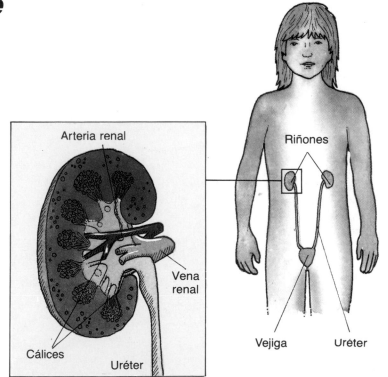

Arteria renal

Vena renal

Cálices

Uréter

Riñones

Vejiga

Uréter

# 50. ¿El cerebro envía señales eléctricas?

Sí, todas las células nerviosas producen señales que viajan a través de los nervios en forma de estallidos de electricidad. Dentro del cerebro, un solo nervio puede estar conectado a otros miles de nervios. Esto hace posible que las señales eléctricas tomen millones de caminos distintos a medida que el cerebro envía y recibe mensajes o almacena información. Es posible descubrir qué partes del cerebro controlan cada parte del cuerpo. Se pueden conectar cables a la cabeza de una persona para recoger los impulsos eléctricos provenientes de las células del cerebro. Si el paciente mueve un brazo o habla, la máquina a la cual están conectados los cables registra qué parte del cuerpo es la que envía las señales.

## 51. ¿Es cierto que los bebes aprenden a ver?

Sí, es verdad, pero es algo
que no se puede enseñar,
aprenden solos.
Lo hacen automáticamente,
a medida que van
creciendo.
Cuando nacen, los bebes
distinguen lo claro
de lo oscuro.
Rápidamente aprenden a
enfocar los ojos.
Sólo después
de unos pocos meses
reconocen las caras de
quienes los rodean.

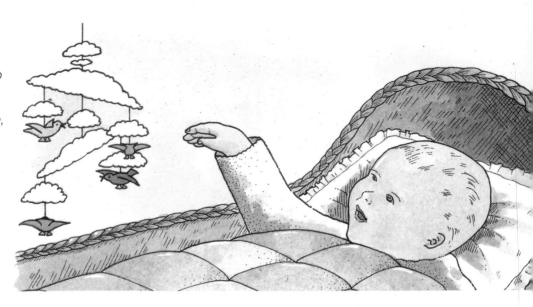

## 52. ¿La piel se pone anaranjada por comer zanahorias?

Las zanahorias contienen
un pigmento llamado
**caroteno.** Si a alguien se le
ocurriera comer una
cantidad enorme de
caroteno, la piel se le pondría
anaranjada, pero también
podría morirse.
El caroteno contiene
vitamina A, que en muy
grandes cantidades puede
llegar a ser venenosa.

### 53. ¿Por qué los perros poseen mejor olfato que los humanos?

En la parte posterior de la nariz existen dos zonas de células llamadas **receptores olfatorios.** Cada una posee entre 10 y 20 millones de células nerviosas. Éstas son las zonas que recogen el olor. Juntas, miden aproximadamente lo mismo que una estampilla, en cambio las de los perros cubren una superficie 100 veces mayor.

# 54. ¿Por qué dos ojos ven más que uno?

Con dos ojos, es más fácil medir la distancia entre los objetos. Entre el centro de un ojo y otro hay una separación de unos 8 cm y cada uno ve los objetos desde un ángulo un poco distinto. El cerebro combina las imágenes de cada ojo dándole profundidad a nuestra visión del mundo. Con un solo ojo, todo parecería chato y no podríamos medir las distancias adecuadamente.

Nuestra capacidad para formar una imagen simple de dos que se superponen se llama visión **binocular.**

El cubo se encuentra en la zona observada por los dos ojos. Cada ojo recibe una imagen del cubo levemente diferente. El cerebro toma estas dos imágenes y las combina en una sola que posee largo, ancho, alto y color.

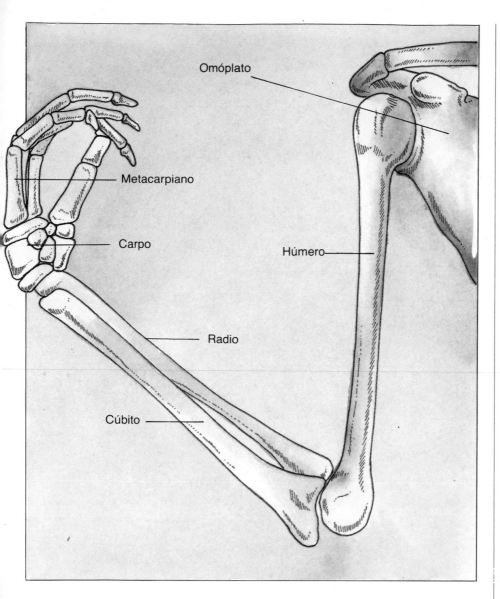

Omóplato

Metacarpiano

Carpo

Húmero

Radio

Cúbito

## 56. ¿Con qué velocidad tosemos?

*La tos no es tan rápida como el estornudo; el aire sale por la boca a una velocidad de 100 km. p. h. Toser es sumamente importante; remueve el polvo y otras sustancias dañinas desde el interior de la garganta.*
*Antes de toser, las cuerdas vocales se cierran firmemente y los músculos que se usan para respirar se ponen tensos. Luego, de repente, se abren las cuerdas vocales y el aire es expulsado.*

# 55. ¿Hay un hueso con cosquillas?

El **húmero** es el hueso que forma el brazo y se articula en su parte superior con el omóplato. La parte inferior del húmero forma el codo y se articula con el **cúbito** y el **radio**; ambos constituyen el antebrazo.

El codo es muy sensible y si uno se lo golpea produce un cosquilleo doloroso. Lo que sucede es que por allí pasa un nervio, que es en realidad el verdadero causante de ese cosquilleo tan molesto. Las terminaciones nerviosas recorren toda la piel, registrando diferentes sensaciones (frío, calor, presión, etc.)

# 57. ¿Un baño ácido en el cuerpo?

Sí, en el estómago. El estómago es una bolsa muscular que se encuentra por debajo de los pulmones. Está recubierto de células que, al ingerir alimentos, segregan una gran cantidad de ácido clorhídrico. El ácido ayuda a una enzima llamada pepsina, que también es producida por el estómago, y que disuelve los alimentos. Demasiado ácido puede producir una desagradable sensación de ardor, llamada comúnmente acidez, y que suele terminar en una úlcera.

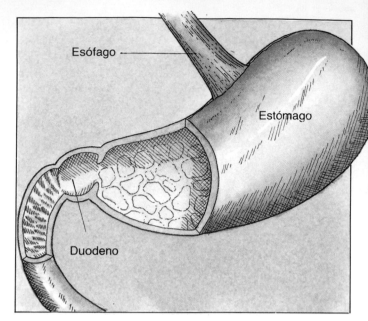

La úlcera consiste en erosiones o agujeros en el revestimiento del esófago, del estómago o del duodeno, que es la primera parte del intestino delgado.

## 58. ¿Existe unión entre el lado izquierdo del cerebro y el lado derecho del cuerpo?

*Sí. Las largas cadenas de nervios que transportan las señales de todo el cuerpo al cerebro, se cruzan en la base del cráneo. Las señales del lado derecho del cuerpo van al lado izquierdo del cerebro, y viceversa. En la mayoría de las personas, el lado izquierdo del cerebro es más grande que el derecho, entonces la persona es diestra. Pero puede suceder al revés, y si el lado derecho es el más grande, la persona es zurda.*

*La fiebre del heno se produce cuando se irrita la parte interior de la nariz, a causa de pequeñas partículas de polvo o polen. El cuerpo reacciona ante esta irritación como si fuese algo más dañino. Produce* **anticuerpos** *para librarse de ellas y eso nos hace estornudar. No es solamente el heno u otra hierba los que causan la fiebre del heno, sino muchas otras cosas.*

# 59. ¿Algunas personas tienen los pulmones más grandes?

A medida que ascendemos, el aire se vuelve más escaso porque hay menos oxígeno. Las personas que viven en zonas montañosas tienen pulmones más grandes para poder recibir el oxígeno que necesitan. En algunas partes de África, Asia y Sudamérica, hay quienes viven a 5000 metros sobre el nivel del mar. Los habitantes de zonas bajas que van a esos lugares se cansan fácilmente. Se quedan sin aire y el corazón bombea más rápido. Los atletas de las regiones montañosas, a menudo tienen una ventaja sobre los de llanura. Sus grandes pulmones los ayudan a obtener más aire cuando corren en zonas no tan altas.

## 61. ¿Podemos ver cosas que no están?

*A veces la gente cree que sí, pero generalmente es un signo de que algo anda mal. Esto ocurre cuando el cerebro actúa como si estuviésemos obteniendo señales de los ojos, cuando en realidad esas señales provienen del interior de la mente. Estas falsas imágenes se denominan* **alucinaciones** *y pueden ser causadas por algunos tipos de enfermedades, algunas drogas y la falta de sueño.*

## 62. ¿Los dientes tienen raíces de verdad?

Un diente consta de tres partes principales: la corona, el cuello y la raíz. La corona es la parte que sale de la encía. Está cubierta de un **esmalte** duro que protege el diente al masticar y morder. La raíz queda sujeta al hueso de la mandíbula mediante un ligamento muy fuerte. Dentro del diente se encuentra la **pulpa,** que contiene nervios y vasos sanguíneos conectados con el sistema circulatorio.

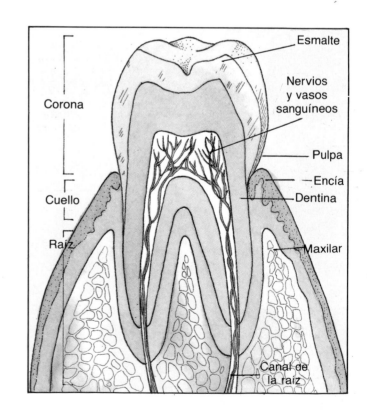

# 63. ¿Por qué los dedos de los pies son tan sensibles?

Es muy común que antes de meternos en el agua, probemos su temperatura con los dedos del pie. Hacemos esto debido a que los dedos son muy sensibles. Poseen una gran cantidad de terminaciones nerviosas sensitivas (ver página 11). Otras partes del cuerpo también son muy sensibles: los labios, la lengua y los dedos de la mano, por ejemplo, tal como muestra el dibujo.

Las zonas del cerebro que controlan estas partes sensibles son más grandes que las que controlan otras zonas del cuerpo.

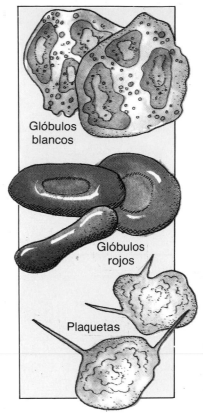

Glóbulos blancos

Glóbulos rojos

Plaquetas

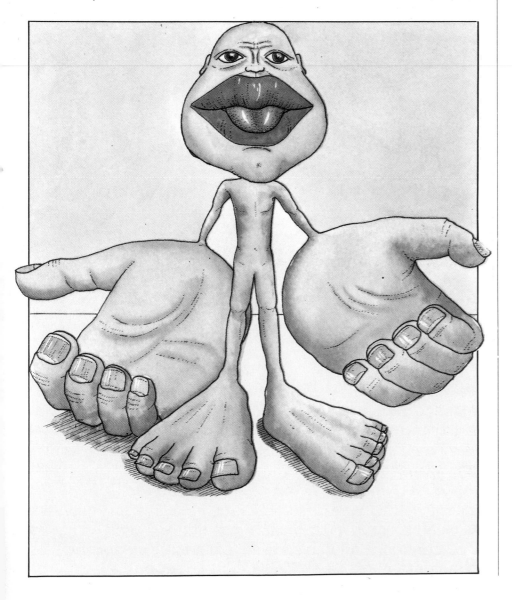

## 64. ¿Cuántos glóbulos hay en una gota de sangre?

*En una gota de sangre, del tamaño de la cabeza de un alfiler, podrían entrar 5 millones de **glóbulos rojos,** que son los encargados de transportar el oxígeno por todo el cuerpo. Puede haber también cerca de 10.000 **glóbulos blancos.** Éstos son mucho más grandes que los glóbulos rojos y nos ayudan a luchar contra las infecciones. Existen aproximadamente 250.000 **plaquetas** que ayudan a coagular la sangre cuando nos lastimamos.*

## 65. ¿Es verdad que hay un ojo dominante?

*Sí. Todos tenemos un **ojo dominante.** Depende de la zona del cerebro que predomine: la izquierda o bien la derecha (ver página 32). Para saber cuál de los ojos es el dominante, se puede hacer el siguiente experimento: hay que formar un círculo con el pulgar y el índice, luego ponerlo delante de la vista y con los dos ojos abiertos mirar un objeto distante. Después se cierra un ojo y se mira el objeto.*
*Hay que repetirlo con el otro ojo. Sólo se podrá ver el objeto a través del círculo con un ojo. Este es el dominante.*

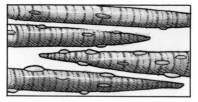

Músculo estriado

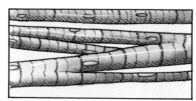

Músculo cardíaco

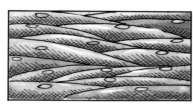

Músculo liso

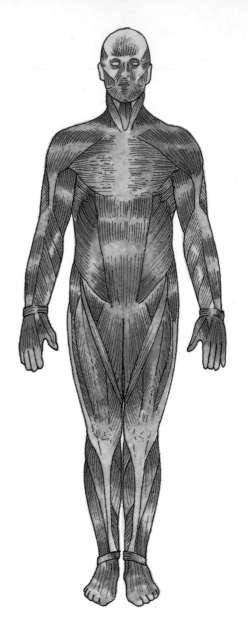

## 66. ¿Los músculos tienen rayas?

Algunos tienen rayas o **estrías,** son los músculos estriados o **esqueléticos.** Son los que podemos controlar y hacen posible el movimiento del cuerpo. Las estrías se deben a que las fibras musculares contienen dos tipos diferentes de proteínas. El músculo **cardíaco** (corazón), tiene menos estrías y es de contracción involuntaria. Finalmente están los músculos **lisos,** cuyas fibras no son estriadas y su contracción también es involuntaria; por ejemplo, los que revisten las paredes del tubo digestivo.

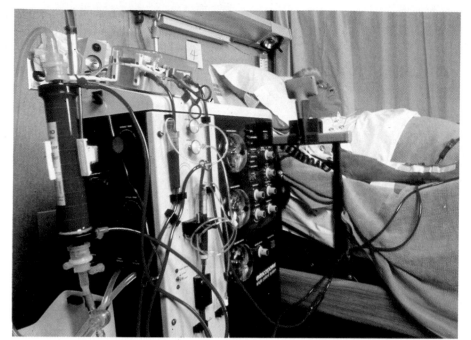

Un paciente recibiendo tratamiento de diálisis.

## 67. ¿Existe un aparato que funcione como los riñones?

Hay aparatos que se utilizan cuando los riñones no funcionan bien. Son **aparatos de diálisis renal.**
Estos aparatos poseen un tubo que conduce la sangre a través de un sistema de filtro, que extrae los productos de desecho.
Si no fuesen extraídos, estos productos de desecho pondrían en riesgo la vida del paciente. Dos o tres sesiones semanales de diálisis renal en casa o en el hospital, son generalmente suficientes para purificar la sangre.

## 68. ¿Cada parte del cerebro tiene una tarea distinta?

Sí. En la parte exterior o corteza cerebral es donde se produce el pensamiento. El dibujo muestra qué partes del cerebro controlan las distintas actividades del cuerpo. Debajo de la corteza existen otras zonas. La **médula** controla las actividades que se realizan sin pensar, como por ejemplo la respiración. Al **cerebelo** le corresponden las funciones relacionadas con el equilibrio y la coordinación de movimientos.
A pesar de todos los estudios que se han realizado, la función de numerosas partes del cerebro aún no ha sido identificada.

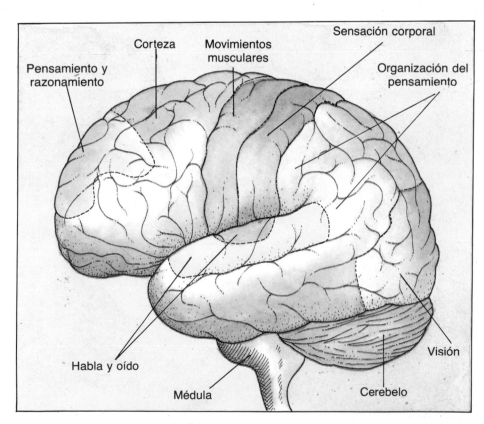

El esquema representa las diferentes zonas del cerebro y las funciones que corresponden a cada una.

### 69. ¿Nuestro cuerpo posee imanes?

Parece que hay un tejido magnético detrás de la nariz. Los experimentos han demostrado que si a una persona le vendan los ojos y la llevan a un lugar desconocido, tiene más probabilidades de encontrar el camino de regreso que otra a la cual no le vendaron los ojos. Esto se debe a que aquélla ha usado su "brújula interna".

### 70. ¿Podemos usar el poder muscular para mantener el calor del cuerpo?

Cuando hacemos ejercicio usamos los músculos y éstos a su vez utilizan la energía proveniente del alimento que hemos digerido. Al trabajar, los músculos liberan energía en forma de calor y por eso nos sentimos más abrigados. Cuanto más trabajan los músculos, más energía necesitamos y tenemos más calor. También necesitamos más oxígeno, es por eso que jadeamos y el corazón trabaja más rápido bombeando sangre al resto del cuerpo.

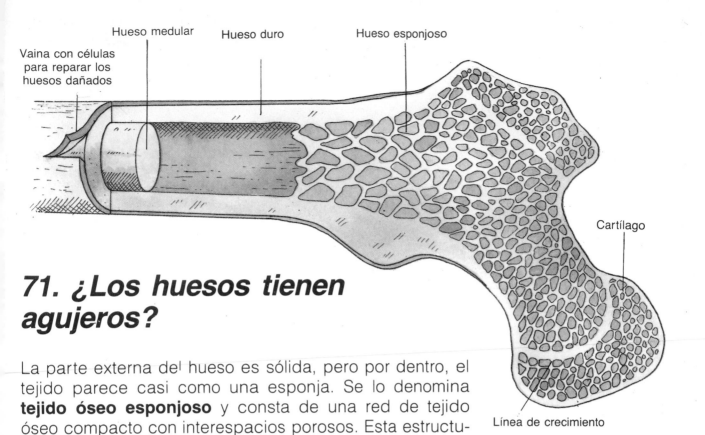

Vaina con células para reparar los huesos dañados

Hueso medular

Hueso duro

Hueso esponjoso

Cartílago

Línea de crecimiento

# 71. ¿Los huesos tienen agujeros?

La parte externa del hueso es sólida, pero por dentro, el tejido parece casi como una esponja. Se lo denomina **tejido óseo esponjoso** y consta de una red de tejido óseo compacto con interespacios porosos. Esta estructura hace que el hueso sea fuerte y liviano.

Pared del pasaje de aire

Glándula mucosa

Partícula de polvo

Cilios

## 72. ¿Los pulmones se limpian solos?

*Sí. Al menos los tubos que llegan a los pulmones lo hacen. La mucosidad conque están revestidos estos tubos atrapa el polvo del aire. Unos pequeños capilares, llamados **cilios** recubren también dichos tubos. Los cilios se mueven hacia atrás y adelante dentro de la mucosidad produciendo olas (como el vaivén del pasto en el viento) y el polvo es llevado hacia arriba, hacia la garganta. La gente que vive y trabaja en lugares polvorientos o los fumadores pueden dañarse los pulmones. Los cilios no funcionan cuando los pulmones están muy sucios.*

# ÍNDICE